序言

当我们坐着乌篷船游荡在江南水乡古镇，欣赏着两边白墙黑瓦马头墙；当我们走进闽南的丘陵山地，好奇地看着一群群圆形方形的土楼；当我们骑着马儿在辽阔的草原上行走，遥看着远处星星点点的蒙古包；当我们在北京的大街小巷里游逛，经过一座座装点着绚丽彩画的四合院门楼；当我们行走在西南山区的小路上，看着两边山崖上伸出一座座悬挑的吊脚楼……我们无不为中国各地民居建筑的多姿多彩而感叹。中国传统民居是一个文化艺术的宝藏，祖先们在千百年的生活中领悟了大自然的风霜雨雪，发明创造了各种各样的民居建筑。它们不只是美轮美奂、新奇好看，更重要的是它们能让人们的生活舒适惬意，心情舒畅。

让我们共同珍惜爱护这些祖先们留下来的瑰宝吧！

柳肃

湖南大学建筑与规划学院教授、博士生导师

中国民居建筑绘本

外婆家在江南

文 / 黄小衡

图 / 夏克梁　陆盈睿　陈世康

CS 湖南少年儿童出版社 · 长沙
HUNAN JUVENILE & CHILDREN'S PUBLISHING HOUSE

“菊娘。”随着一声呼唤，后门吱呀一声开了，摇橹声和着水声从门外清晰地传来。

"丫丫醒了不？"是丫丫外公的声音。外公每天一大早会摇船去镇外的桑树林，采摘几大箩筐新鲜的桑叶回来，够蚕儿吃一天的。

"还没呢。醒了早就叽叽喳喳了。"是外婆的声音。外婆帮外公把装满桑叶的箩筐抬上码头。

"桑"与"丧"同音,南方人图吉利,不在家里种桑树,即使养蚕人家,也是在田园坡地上另种桑树,但是柳树和桃树是要种在门前院落里的。春天里,黑瓦白墙做背景,映衬着嫩绿柔软的柳树,或者是黑瓦白墙前几株热闹的桃花,让人联想起唐诗宋词里的诗情画意。

"外婆莫要乱讲，我早起来了。"丫丫从床上一骨碌爬起来，穿着丝绸衣裤，从西厢房里笑嘻嘻地跑了出来，一路小跑到天井。

蚕子吃了带露水的桑叶会拉稀死掉。每天的桑叶都要摊开在天井的竹匾里，让清晨的阳光蒸发掉叶片上的露水后才拿去喂蚕。

天井也是丫丫玩耍的地方。下雨天不好出门玩，丫丫就会站在天井的廊檐下，用手接雨水玩。落进天井里的雨水，汇入到天井周围的水槽里，外公说这叫"四水归堂"。丫丫喜欢折一只纸船，让船顺着"回"字形的水槽漂到外面的河里去。

粉红的桃花开了。春天来了！丫丫仰头站在天井里，等待神秘的客人来。一天，两道黑影从天井口斜飞了进来，双双落在房梁上，它们每天辛勤地衔来泥土草根，一点点做窝。

不久，几只嘴角黄黄的小家伙在窝里啾啾叫着，燕子妈妈每天从天井口急匆匆地飞进飞出给小燕子衔来食物。

　　晒完桑叶，祖孙三人在临水的亭子间吃早餐——生煎包子、豆腐干、青团、发糕加酒酿圆子。有装满了新鲜菜蔬的船经过。遇到跟外公相熟的渔公，从船舱里抓起一条红鲤鱼，用力扔进亭子间。鱼儿在楼板上用力蹦跳，丫丫双手摁住了，扔进水缸里养起来。

早饭后，桑叶上的露水晾干了，丫丫帮着把桑叶搬到西厢房旁边的阁楼上。听外婆说，阁楼是以前未出阁的小姐的绣房，门窗上都是木格子的雕花。现在的阁楼早改作了蚕房。蚕房里摆着一层层的木架子，每一层上面都有大竹匾，里面密密麻麻蠕动的是白蚕，丫丫和外婆抓起一把把的桑叶撒在上面，千百条蚕儿沙沙地吃起来，像极了下细雨的沙沙声。

外婆喂完蚕，准备开店铺做买卖。丫丫家的店铺，原来是一间朝南的正房，因为临街，改成了店铺，卖些蚕丝被芯、被面，蚕丝围巾、睡衣，还有外婆晒的菜干。柜台上还有一个小竹笸箩，里面是一只只白白的蚕茧，这是丫丫自己养的蚕结的茧子。一些过来旅游的孩子会好奇地买上几只蚕茧。卖蚕茧的钱归丫丫，她用来买喜欢的图书、文具和零食。丫丫每天晚上都会仔细清点蚕茧的数量，然后记账。

外婆坐在柜台后面的竹椅子上，一边看店，一边做些手工针线活，偶尔跟路过的熟人聊几句家常。在丫丫的心里，外婆和这老宅子一样平静安稳，再大的风雨也能够抵挡。

　　外婆最珍惜阳光。南方雨水太多，遇到一个难得的大晴天，外婆就跟从老天爷那里白得了宝贝似的，喜滋滋地把阁楼的天窗打开，在黑瓦的屋顶上摆上一个个大竹匾，晒她一刀一刀切出来的萝卜干、茄子干和笋干。

南方人多地少，房子挨着房子，高高的马头墙就成了分割开一家一户的标志，最初是为了防火，如今倒成了一大建筑特色。常常有学画画的大哥哥大姐姐来写生，他们最爱画的就是这气势十足的马头墙。

因为多雨，不但家家的门前延伸出檐廊，就连河面上的桥也有遮雨的檐廊。阴雨绵绵的天气里，丫丫和伙伴们聚在廊桥里扔沙包、跳房子玩。

外公从外面回来吃午饭，一脸神秘。逗得丫丫缠着问老半天，外公才悄悄地说："晚饭后有昆曲团来唱社戏。"

"太好了！看社戏喽！"丫丫拍着小手，高兴得又蹦又跳。

戏楼临水，演戏时，灯光布置起来，水袖舞起来。咿咿呀呀的唱腔，丫丫听不懂，她着迷的是人头攒动的热闹，还有光影荡漾的迷离奇幻。丫丫陶醉在这水声灯影的绮丽景色里。

今晚，昆曲团来表演经典剧目《牡丹亭》，附近的街坊早早就来占座等着好戏开场。丫丫也跟着外公来听戏，虽然她听不懂戏文，但是她喜欢听戏的氛围。台下，相熟的人们聚在一起，热情地打招呼，轻松地聊天；台上，软糯的唱腔，漂亮的戏装，舞动的水袖，一起组成熟悉又梦幻的世界。这些都让丫丫陶醉其中。

滴答，滴答，下小雨了，润湿了青砖地面，这青砖比外公的外公的年纪还大，早已被光阴打磨得温润如玉。外公背着睡熟的丫丫，走在这青石板路上，吧嗒吧嗒，吧嗒吧嗒，像雨点滴落，又像岁月的回响。

天暗下来，家家陆续亮起了灯。雨雾和黑瓦白墙的街景交织成一派朦胧的宁静。

谁家的留声机里放着老歌："江南人，留客不说话，只有那小雨沙沙地下……"如诗如画的江南民居，是多少游子梦里的故乡。

图书在版编目（ＣＩＰ）数据

外婆家在江南 / 黄小衡文；夏克梁, 陆盈睿, 陈世康
图. -- 长沙：湖南少年儿童出版社, 2024.10.
(中国民居建筑绘本). -- ISBN 978-7-5562-7687-5

Ⅰ. TU241.5

中国国家版本馆CIP数据核字第2024TB3377号

外婆家在江南
WAIPOJIA ZAI JIANGNAN

总 策 划：胡隽宓　盛　铭
策划编辑：向　晶
责任编辑：向　晶
质量总监：阳　梅
整体设计：风格八号

出 版 人：刘星保
出版发行：湖南少年儿童出版社
地　　址：湖南省长沙市晚报大道89号　　　邮　　编：410016
电　　话：0731-82196330（办公室）
常年法律顾问：湖南崇民律师事务所　柳成柱律师

印　　刷：湖南天闻新华印务有限公司
开　　本：787 mm × 1092 mm　1/12
印　　张：4
书　　号：ISBN 978-7-5562-7687-5
版　　次：2024年10月第1版
印　　次：2024年10月第1次印刷
定　　价：59.00元